太阳系简史 1

陨石诞生记

YUNSHI DANSHENGJI

王 煜◎著

地质出版社

·北京·

自　序

　　幼年的时候，我住在田园牧歌般的村子里。每到夏日薄暮初上，邻居们带着手电筒和小凳子，聚在场头路口的大树下乘凉。此时田间劳作告一段落，秧苗在田里蓬勃生长，散发着清新气息。我躺在凉床上，看着满天的繁星。偶尔一颗流星划过天空，引起我无限遐想。

　　我总会指着天空中的星星问这问那，长辈们叫不出这些星星的大名，但是会讲出各种有趣的故事。于是我知道了后羿如何射下九个太阳；嫦娥又是怎样飞到月亮上的；我还知道牛郎和织女被迫分离后，牛郎在银河边上等着与织女相会；后来又听说了神农派小狗去天宫盗谷种，小狗在回来的路上游过银河的时候弄丢了身上的谷种，只留下尾巴尖上的一点，成了现在的稻穗。

　　这些故事构成了我对天空的丰富想象，也在心底埋下了我要探索星空奥秘的种子。如今生活在城市的孩子很难看到满天的繁星，也缺少了对天空的大胆想象，然而探索星空奥秘、成为仰望星空的人是我一直不变的理想。

　　我要让每个孩子都能看到真正的星空，探索星空中的奥秘。十余年来，我写了很多篇科普文章，也在筹划建设给孩子们看星星的天文台。物质建设的脚步没有停歇，精神食粮的补给也在源源不断地输出。

　　这套《太阳系简史》就是离星空最近的"精神阶梯"，它以简练的语言、有趣的表达和精美的绘画，介绍了太阳系这个庞大的天体系统。想知道陨石来自哪里吗？宇宙到底有多大？超新星爆发又会产生多大的威力？我们在认识宇宙万物的同时也在开发探索它们给予我们的宝贵资源，要想离星空更近，就要有更准确的信息，带着好奇心去探索星空带给我们的奥秘吧！

　　仰望星空的同时也是在播撒科学的种子，更是在传递科学的精神。

王火星

2021.6

这里是非洲阿特拉斯山脉南部。在这一望无际的荒漠中真是没什么值得一看的风景，不知道前面的路是不是都如此无聊？

等等，那是什么？

阿特拉斯山脉

阿特拉斯山脉位于非洲西北部，是阿尔卑斯山系的一部分，是非洲最广大的褶皱断裂山地区。其西南起于摩洛哥大西洋海岸，东北经阿尔及利亚到突尼斯的舍里克半岛，呈东北东—西南西走向。

好像是一块石头……可是长得又有点奇怪。
说不定这块与众不同的石头会给我们解开宇宙演化的秘密。

沙漠资源

20世纪50年代，人们渐渐发现
了沙漠中有丰富的石油、天然气、
铁、锰等矿产资源。

科考队在这里考察两周了也没什么新的发现，他们走过沙漠、戈壁和山谷，观察动植物，还和这里的原住民成了好朋友。

　　科考队这次考察的主要任务是搜寻并采集岩石、化石标本。幸运的是，他们意外发现了那块长相奇怪的石头。

　　也许它就是陨石？现在还不能确定，带回去研究一下。

陨石的表面为什么凹凸不平

高速坠落的陨石将其飞行前端的空气高度压缩，与之摩擦产生高温高压，岩石发生熔融和气化，落地前外部熔融物质迅速冷却结晶形成薄薄的熔壳。由于气流的作用，表面形成气印或细流纹。

陨　石

流星体从行星星际空间穿过地球大气层时，与大气剧烈摩擦产生高温高压后发生熔融，陨落到行星表面的星体残骸，就是陨石。

科学家的工作室里总是放着这么多的岩石、矿物晶体和化石，也许还有陨石。

看看那块被贴着"陨石"标签的石头，它的形态、颜色和质感与其他的岩石不太一样。它的外观就像手指压过的橡皮泥一样，有凹陷的痕迹。

它的表面凹凸不平，还有很多深浅不一的小坑。

岩石的分类

按照成因，岩石主要分为沉积岩、火成岩和变质岩这三类。其中沉积岩是构成地球表面的主要岩石，一般是经过流水或冰川的搬运、沉积、成岩作用形成。

石灰岩

砂岩

我记得爸爸以前说过，陨石在穿越地球大气层时，在坠落的过程中它的表面高速扰动的热气流形成了漩涡，所以看起来才凹凸不平的，其实那些凹陷被称为气印。

花岗岩

花岗岩是岩浆在地下深处冷凝而形成的一种火成岩。花岗岩质地坚硬，是一种重要的建筑材料。

花岗岩

陨石

岩石与矿物

陨石和普通石头的区别

陨石和普通石头的密度、外观、成分和磁性等都不同。

陨石要重一些，外表有黑色的融壳，有的陨石还有磁性，但这些特点都不能用来判断其身份，最准确的办法就是分析其成分。当发现疑似陨石的石头时，需要对它的成分进行化学分析，这样才能确定它的身份和来源。

　　"想不到陨石的经历这么坎坷。可是，陨石就是石头吗？它是由什么分子组成的？组成这些分子的原子又是怎么来的？宇宙又是怎么形成的呢？"

　　听到我的这些问题，刚进屋子的爸爸，走到我们跟前说道："趁着我休息，给你们讲一讲太阳系的故事吧。"

138亿年前，这里漆黑一片，什么都没有，甚至没有时间……

突然，出现了一个"点"，它疯狂地跳动着。

那个"点"突然炸开，简直是无法想象的神奇爆炸。那个"点"就是奇点，也是宇宙的起点！

这次大爆炸被科学家称为宇宙大爆炸。

奇点是什么

通过广义相对论将宇宙的膨胀进行时间反演，则可得出宇宙在过去有限的时间之前曾经处于一个密度和温度都无限高的状态，这一状态被称为奇点。

奇点有多小

奇点是一个体积无限小、密度无限大、引力无限大、时空曲率无限大的"点"，例如，黑洞的中心或宇宙大爆炸之前的初始奇点。在这个"点"，目前已知的物理定律无法适用。

真不敢想象，宇宙大爆炸的威力这么大。

奇点爆炸的瞬间体积非常小，密度被压缩得无限大，温度也非常高，甚至空间都是扭曲的。

终于知道宇宙是怎么来的了，原来在大爆炸后诞生了宇宙。

不管是什么原因，宇宙都因为这次大爆炸发生了剧烈的变化。

大爆炸之后发生的事

大爆炸之后10秒钟至38万年间，宇宙的能量由光子主导。这些光子频繁地与质子、电子发生着相互作用。大爆炸发生3分钟后，当宇宙温度下降到一定程度时，原子核开始形成，质子和中子开始进行核聚变结合成为更大的原子核。但因为宇宙温度与密度持续下降，核聚变无法继续。

宇宙是怎样演变到今天的样子的

　　大爆炸发生38万年之后，质子和自由电子首度结合成中性氢原子。虽然宇宙在大尺度上物质几乎均一分布，但仍存在某些密度稍大的区域，因此在此后相当长的一段时间内这些区域的物质通过引力作用吸引附近的物质，从而变得密度更大，并形成了气体云、恒星、星系等其他可观测到的结构。

极早期宇宙

　　从大爆炸开始到10^{-32}秒之间宇宙发生了极快的演变，称为极早期宇宙。

大爆炸发生约100秒后，温度下降至10亿摄氏度，此时中子与质子一起聚变成为较重的核，即太初核合成阶段（早期核合成时期）。

大爆炸发生约37.9万年之后，电子与原子核结合成为原子，主要是氢原子。

目前，人类可观测到的宇宙，其直径大约为930亿光年。

宇宙大爆炸

1秒钟

1～10秒，温度约为100亿～10000亿摄氏度，此时相对性粒子还有光子，正负电子少量核子。

200秒钟

200秒后，温度约10亿摄氏度，原子和中子形成了氢原子核，产生了最轻的氢同位素及少量氦和锂的同位素（原初核合成阶段，锂的同位素可能在10秒至20分钟的时间处采用了《天体物理概论》一书中的说法约200秒）。

38万年

38万年后，温度约3000摄氏度，氢和氦原子开始形成，宇宙密度持续降低，宇宙物质变得透明，这一阶段形成了弥漫于整个宇宙中的微波背景辐射。

4亿年

2亿～3亿年后，第一代恒星开始照耀，已知最老的恒星SM0313年龄约为136亿年（存在不确定性）。

声音在空气中1秒钟可以跑340米，而光在真空中1秒钟可以跑出30万千米，1年中走过的路程是94605亿千米。930亿光年的直径，还真是个不敢想象的"大气球"啊！

氢元素是最轻的元素吗

氢元素是宇宙中最常见的一种化学元素，化学符号为H，在元素周期表中排列第一，也是最轻的元素。

在0摄氏度，1巴（bar，压强单位）的标准情况下，氢气是由两个氢原子构成的以气态形式存在的物质，俗称氢气，分子式为H_2，这是一种无色、无味、无毒、易燃易爆的气体。

大爆炸后10亿年，已经到处是星星，越来越多的星星们聚集在一起，星系出现了。

10亿年

大爆炸后约88亿年，银河系的薄盘形成。

约88亿年

90亿年后，太阳系形成。由氢和其他微量元素构成的分子云的一个片段开始崩塌，形成以太阳为中心的大球体和其周围的盘面。

90亿年

光年是什么单位

　　光年不是时间单位，而是天文学中一种常见的长度单位，指光在真空中传播一年的距离。
　　光的速度有多快？
　　光在真空中的传播速度大约为每秒30万千米，所以1光年指的是9.46万亿千米。光年虽然长，但在宇宙中还是很小的，所以科学家们还常用秒差距、干秒差距、百万秒差距等单位，一个秒差距大约为3.26光年。

　　这个蓝色的大网是科学家们通过观测复原的宇宙模型。在930亿光年的空间里，宇宙就像一张巨大的网。

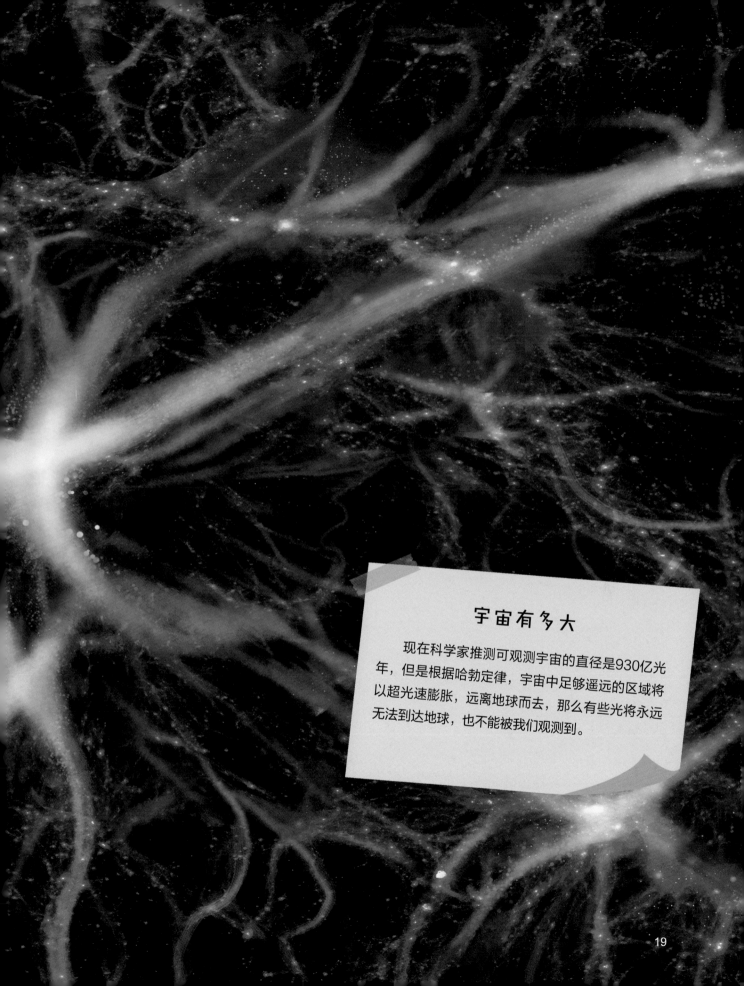

宇宙有多大

　　现在科学家推测可观测宇宙的直径是930亿光年，但是根据哈勃定律，宇宙中足够遥远的区域将以超光速膨胀，远离地球而去，那么有些光将永远无法到达地球，也不能被我们观测到。

什么是行星

　　行星是指自身不发光、环绕着恒星的天体，行星的质量要足够大且近于圆球状，自身不能像恒星那样发生核聚变反应。历史上，行星的名字来源于它们在天空中的位置不固定，就好像在星空中行走一般。

　　如果把宇宙这张大网放大会是什么样子呢？

　　那就来看看把它放大1万倍、10万倍、100万倍、1000万倍、1亿倍的样子吧，你会发现放大1亿倍的宇宙就是个小亮点。

　　仔细看，网里的每一个亮点就是一个像银河系那样的星系，星系中的每一个亮点就是一颗太阳那么大的恒星，像地球这样的行星是根本看不到的。

　　真是要感叹宇宙的浩瀚啊！

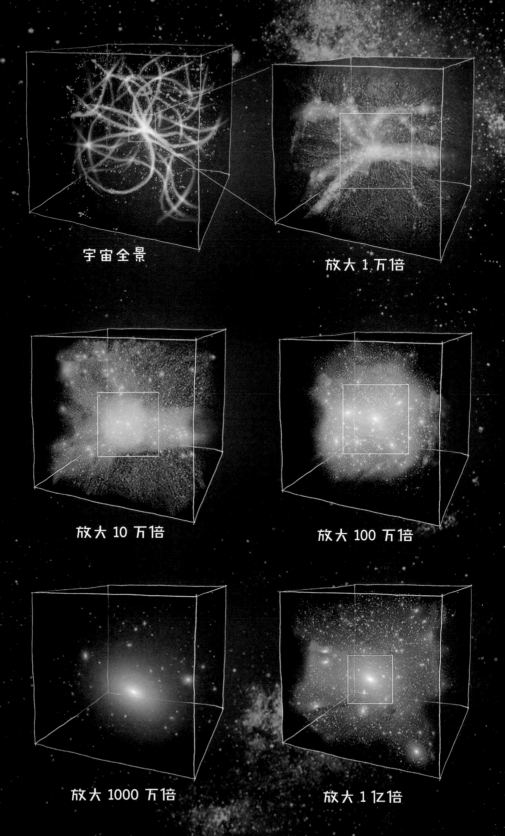

宇宙全景

放大 1 万倍

放大 10 万倍

放大 100 万倍

太阳系的
大概位置

放大 1000 万倍

放大 1 亿倍

随着温度的降低（100000～1000摄氏度之间的某个温度），宇宙由辐射为主时期进入到以物质为主时期。大爆炸发生大约37.9万年之后，温度降低至3000摄氏度，绝大部分氢核与电子复合成为中性氢原子，宇宙变得透明。在退耦发生之前，宇宙中多数的光子都与电子和质子在光子-重子液中进行相互作用，使宇宙处在"大雾"之中。

曾经的宇宙

什么是星云

星云是宇宙
尘、氢气、氦气
和其他等离子体
聚集的星际云
（扩散天体）。

今天的宇宙

星云的颜色可能是
由于其中心大质量恒星
发出的紫外线辐射造成周
围气体电离，使它们发出可见
光的波长而形成。所以，它们看起来
颜色很漂亮。

万有引力

　　万有引力是指有质量的物体之间相互吸引的一种力。1687年，牛顿在书中首次提到了万有引力定律。

　　1915年，爱因斯坦在广义相对论中结合了牛顿万有引力定律和狭义相对论，提出引力是时空属性的几何学改变，没有所谓外来的引力使得物体的运动偏离它们原本的直线运动路径。在地球上，引力可以让苹果落地；在宇宙中，引力可以让物质聚集成天体，并相互吸引着运动。

　　宇宙这么大、这么漂亮，会不会哪一天突然会掉下来一颗星球砸到我们？

　　这你就不用担心了，因为从宇宙诞生那一刻开始，万有引力就已经存在了。

　　现在普遍认为宇宙目前的结构是由于极早期很小的密度扰动发展而成的，在引力和宇宙膨胀的共同作用下，初始很小的密度扰动不断被增强，逐步演化成为我们今天所看到的各种形态的宇宙结构。

　　看，就是那种氢原子，它们在引力的作用下不断聚集，越积越多，然后形成了致密的星云。星云的坍缩，一般是由于超新星（大质量恒星爆炸）的冲激波触发或两个星系的碰撞（像是星爆星系）导致分子云内部不稳定，使得其内部密度持续增加，引力势能被转换成热能，并且温度上升引起。

我就是氢原子，这是科学家给我拍的照片。看看我的结构示意图，我中间的红色球体是一颗质子，一颗电子围绕着我旋转，但是我的位置总是飘浮不定。

氢原子的质量为1.674×10^{-27}千克。别看人家体重轻，可是它们之间也是有万有引力的，就是这样慢慢聚集，最后形成了星云。

无数的氢原子聚集起来，中心部分达到10^6摄氏度时，氘核反应开始；达到800万摄氏度时，氦核开始形成，产生大量的热量，使恒星达到完全的流体静力学平衡状态，从而形成正常的恒星，进入主序星阶段。

恒星的形成经历了星云的快速收缩—慢收缩过程、表面温度升高、原恒星—主序星阶段。

氢原子 + 氢原子

核聚变

星云内部还在挤压，它们持续的压缩和碰撞让这里变得越来越热闹。

看，已经有两颗氢原子耐不住性子了。

在巨大的压力下它们被挤到了一起，核聚变要发生了，巨大的能量被释放出来，爆炸产生的压力又挤压了其他的氢原子，更多的爆炸发生了。

这团星云就变成了无比炙热的火球，恒星就这样诞生了。

这时候，宇宙里终于有了光亮。

恒星形成的瞬间

从大爆炸到第一颗恒星"点亮",宇宙用了4亿年的时间,在随后的138亿年里,宇宙持续地演化,逐渐演化出了星系、恒星、行星和生命。

恒星系逐渐形成了秩序

现代原子理论的发展过程：1803年约翰·道尔顿创立科学原子论；1897年约翰·汤姆逊发现电子；1911年欧内斯特·卢瑟福发现原子核，之后再发现了带正电的质子；1913年尼尔斯·亨利克·戴维玻尔确立轨道模型；1932年詹姆斯·查德威克发现中子。

爱因斯坦的质能方程（$E=mc^2$）中，其中E为能量，m为质量，c为光速。它告诉我们，质量可以变成巨大的能量。

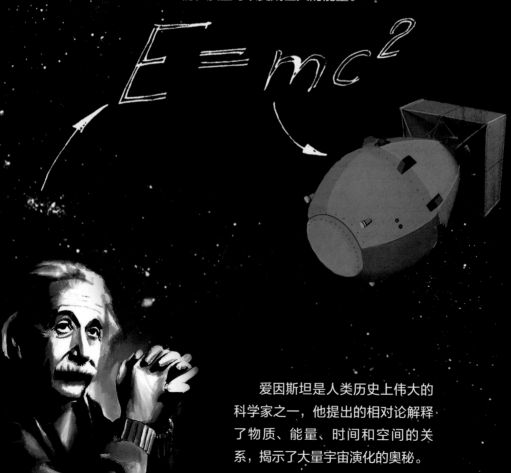

爱因斯坦是人类历史上伟大的科学家之一，他提出的相对论解释了物质、能量、时间和空间的关系，揭示了大量宇宙演化的奥秘。

原子弹是核武器吗

原子弹是基于核裂变和核链式反应原理的一种核武器。铀和钚等元素的原子核在受到中子的轰击后，会裂变成两个中等质量的核，同时放出能量和两三个中子。中子继续轰击其他原子核，产生能量和中子。最终，这个过程会变得非常剧烈，放出巨大的能量。

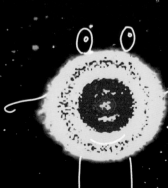

又是我，我是宇宙第一"劳模"！

氢核

氘核

能量

氦

什么是核裂变、核聚变呢?

核裂变就像一个大水滴被撞击之后变成两个中等水滴,同样的核聚变也可以理解成像两个小水滴聚集在一起。

从"裂"和"聚"的字面上也能看出来,"裂变"是分裂开,"聚变"是聚合在一起。在发生核聚变、核裂变时,能量是相当大的,还会产生新元素。

把4个氢核压在一起就可以形成氦核,再继续形成碳氮氧的核,新的元素就在核聚变的过程中形成。

太阳的核心只占太阳体积的一小部分,但别小瞧它,因为它聚集了太阳一半以上的质量。

在太阳的核心部位，压力和温度都非常高，一些"不安分"的元素经常在这里发生核聚变，也释放了大量的能量。这些能量经过辐射层和对流层，最终以可见光的形式出现。

光球层的优势就在于它是不透光的，所以光球层之下的光几乎无法逃离。这样我们看到的光是光球层和其之上的能量辐射。

铁

日珥就像太阳的耳环一样，有的像浮云，有的像喷泉，还有的像圆环、拱桥、火舌等。

日珥

对流层

辐射层

日核是距离太阳中心不超过太阳半径的1/5或1/4的区域，是太阳核聚变的主要区域，产生了99%的能量。

日核

光球层

太阳光球以上的部分称为太阳的大气层，它分为温度极小区、色球、过渡区、日冕和太阳圈5个部分。

太阳上温度最低的地区称为温度极小区，大约在光球上方500千米。在日全食的开始和结束的时候可见的彩色区域就是色球。

宇宙的浩渺让你想象不到，即便是太阳在
宇宙里也不过是一颗普通的恒星，但跟地球相比，
它的直径却是地球直径的109倍。

看到那颗大角星了吗？它可是宇宙里的一颗红巨
星，距离地球36.7光年。太阳在它面前就是个"小迷
弟"。虽然体型很大，但是大角星的体重控制得很
好，质量跟太阳的质量差不多。

R136a1 恒星

R136a1恒星是一颗沃尔夫—拉叶星，是目前已知质量较大的恒星之一，其质量是太阳质量的230～345倍。

太阳

大角星

大角星位于牧夫座内，是夜空中第四亮的恒星，仅次于天狼星、老人星和南大门星。

恒星生命周期表

分子云

太阳和其他种类的恒星，就像人的一生一样，有出生，有长大，也有变老和死亡。大质量恒星可以经过氢氦碳氖氧镁硅阶段的燃烧最终形成铁核，经历红超巨星—超新星—中子星／黑洞（Ⅱ型超新星爆发）的演化过程。

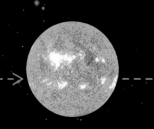

大质量恒星
大于 8 倍太阳质量

红超巨星

超新

原恒星

低质量恒星
小于 8 倍太阳质量

红巨星

行星状

褐矮星
小于 0.08 倍太阳质量

矮 星

质量不同的恒星会经历不同的演化过程，恒星中心区域的氢燃烧完之后，低质量恒星经历红巨星演变成行星状星云，星云中心就是原来的星核，此时它已成为一颗独立的白矮星，最终在极为漫长的冷却时间后成为黑矮星（不过白矮星达到这种状态所要经历的时间，经由理论推算，比当前的宇宙年龄还要长，所以认为至今还没有黑矮星存在）。

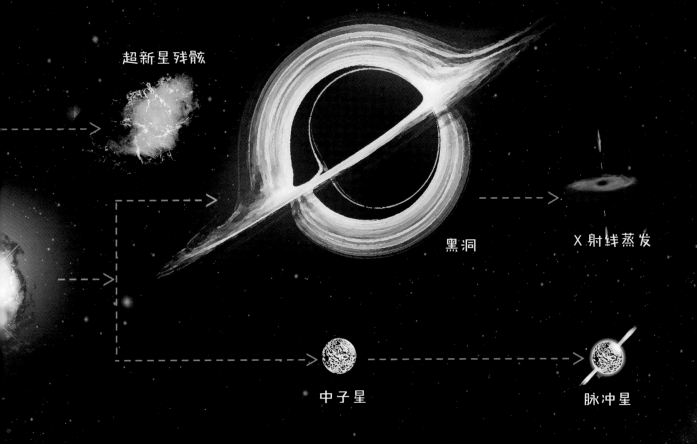

超新星残骸

黑洞

X 射线蒸发

中子星

脉冲星

新星

白矮星

人类首张黑洞照片

2019 年 4 月 10 日发布

恒星的演化方向各不相同，比如有些恒星慢慢地会变成矮星，有些会变成黑洞，最后具体会变成什么要看它们的质量。这种生命周期的演化是不是很奇特？

太阳是我们熟悉的恒星，科学家用太阳质量的倍数来区分不同的恒星类型，所以太阳常被当成参照物来与其他恒星进行对比。

司天监言：『有客星出于阁道旁，其大如盏，光芒烛地』

穿越历史，我们来到了北宋至和元年五月己丑日，即公元1054年7月4日，这天的凌晨会发生什么有趣的事呢？

在天空的东方突然出现了一颗极其明亮的星星，它的颜色赤白，光芒四射，犹如太白金星。这一罕见的奇特天象震动了全国。当时国家的天文机构——司天监等处的工作人员对它进行了仔细的观测，直到嘉祐元年三月辛未日，即公元1056年4月6日，这颗星消失为止，在长达643天里监测从未间断过。我国的史书里详细记载了这颗星所在的位置。它位于毕宿的东北，五车的脚下，靠近黄道的天关星(即金牛座)附近，因此就把它称为"天关客星"。

客 星

我国古代把新星当成"客星"的一种，客星包括新星、超新星、彗星等天象。客者，陌生的客人也，因为这些天体如客人般突然来临又匆匆离去。

超新星爆发持续了两年，留下了位于仙后座的超新星遗迹，编号SN 1572。

紫微右垣

上卫

少辅

北斗
上辅　天枢
天权
天璇
玉衡
天玑
开阳
太阳守

三台
上台
太尊
中台
下台

虎贲
西上相
太子
周鼎
郎将
太微左垣

五诸侯
北河
积薪

鬼

紫微星

紫微星（勾陈一）就是北极星，位于小熊座内。因为地球的自转，紫微星恰巧位于自转轴上北方天球的位置，所以它看上去静止不动。他星座都围绕着它旋转，北斗七星和其他星座都围绕着它旋转。中国传统星宫中的勾陈一，在人事上代表了皇帝的祸福，验证上，又称帝星。

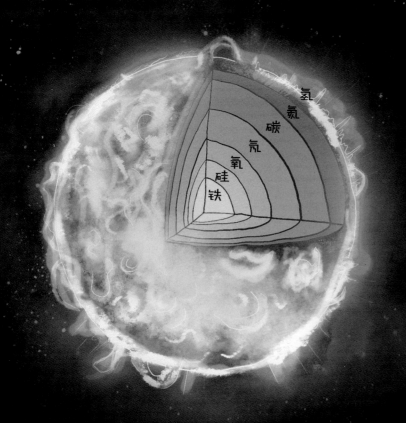

氢
氦
碳
氖
氧
硅
铁

太阳有多重

太阳的质量大约是 1.98×10^{30} 千克，大约有33万个地球那么重。

像太阳这类比较轻的恒星，生命的尽头是矮星；而宇宙中有一类恒星，它们至少拥有8倍太阳的质量，当它们的生命走到尽头时，还有可能发生一次无比剧烈的爆炸，那就是超新星爆炸。

根据爱因斯坦质能方程，轻的元素聚变成重的元素时，会损失掉一部分质量；这部分质量会转化成能量。随着元素越来越重，释放的能量会逐渐减少，直到铁元素发生聚变时，会吸收很多能量。越重的元素在裂变时释放的能量越大。由于铁元素刚好是处在聚变的临界点上，所以它是非常稳定的元素。

中子星是恒星演化到末期，经由引力坍缩发生超新星爆炸之后，可能成为的少数终点之一。恒星在核心的氢、氦、碳等元素于核聚变反应中耗尽，并最终转变成铁元素后，便无法再从聚变反应中获得能量。失去热辐射压力支撑的外围物质受重力牵引会急速向核心坠落，有可能导致外壳的动能转化为热能向外爆发产生超新星爆炸，或者根据恒星质量的不同，恒星内部区域被压缩成白矮星、中子星或黑洞。超新星爆发就这样开始了！

超新星爆炸的持续时间要看它的"心情"，"心情"好的话可能几个小时爆炸就结束了，"心情"不好的话会几年都一直在爆炸。这么"随性"的超新星爆炸真让人不敢恭维，不过相比恒星几十亿年的寿命，这种爆炸对它来说不过是一瞬间的事，可爆炸产生的能量却是它积累一生的。这个"暴脾气"的超新星还是不要招惹的好。

超新星爆炸

恒星通过爆炸可以将其大部分甚至几乎所有物质以高至1/10光速的速度向外抛散，并向周围的星际物质辐射激波。这种激波会导致一个由膨胀的气体和尘埃构成的壳状结构形成，这被称为超新星遗迹。

天体物理过程中的核聚变序列：氢-1 → 氦-4 → 铍-8 → 碳-12 → 氧-16 → 氖-20 → 镁-24 → 硅-28 → 硫-32 → 氩-36 → 钙-40 → 钛-44 → 铬-48 → 铁-52 → 镍-56

在恒星的内部，核聚变把元素压在一起，制造了更大更重的新元素，如氦元素、氮元素等，按照顺序被编号命名，这就是著名的元素周期表，各种元素在核聚变的过程中先后被制造出来。

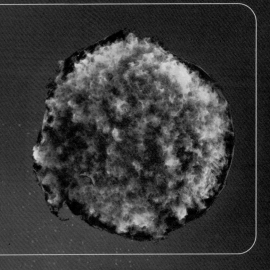

　　SN 1572又称为第谷超新星遗迹，它在1572年由天文学家第谷·布拉赫首次记录。第谷在日记中写道，"11月11日日落之后，我观察着天空中的星星。我注意到一颗新的、不同寻常的恒星，它的光彩超越其他恒星，在我的头顶上闪耀；因为我从少年时代起就完全了解了天上所有的星星，我很清楚天空中那颗星星以前从来没有出现过"。在11月底，它开始褪色并改变颜色，从明亮的白色到黄色和橙色，再到微弱的红光，最终在1574年3月消失。

元素周期表

图例：碱金属 / 碱性的土金属 / 过渡金属 / 类金属 / 其他金属 / 非金属 / 惰性气体 / 固体 C / 液体 Hg / 气体 H / 合成的 Tc

说明：原子序数 1 / 元素符号 H / 氢 / 元素中文名称（注*的是人造元素） / 元素英文名称 hydrogen / 1.008 原子量（方括号内为该元素半衰期最长的同位素的质量数）

1	2											13	14	15	16	17	18
H 氢																	He 氦
Li 锂	Be 铍											B 硼	C 碳	N 氮	O 氧	F 氟	Ne 氖
Na 钠	Mg 镁	3	4	5	6	7	8	9	10	11	12	Al 铝	Si 硅	P 磷	S 硫	Cl 氯	Ar 氩
K 钾	Ca 钙	Sc 钪	Ti 钛	V 钒	Cr 铬	Mn 锰	Fe 铁	Co 钴	Ni 镍	Cu 铜	Zn 锌	Ga 镓	Ge 锗	As 砷	Se 硒	Br 溴	Kr 氪
Rb 铷	Sr 锶	Y 钇	Zr 锆	Nb 铌	Mo 钼	Tc 锝*	Ru 钌	Rh 铑	Pd 钯	Ag 银	Cd 镉	In 铟	Sn 锡	Sb 锑	Te 碲	I 碘	Xe 氙
Cs 铯	Ba 钡	57-71 镧系	Hf 铪	Ta 钽	W 钨	Re 铼	Os 锇	Ir 铱	Pt 铂	Au 金	Hg 汞	Tl 铊	Pb 铅	Bi 铋	Po 钋	At 砹	Rn 氡
Fr 钫*	Ra 镭	89-103 锕系	Rf 𬬻*	Db 𬭊*	Sg 𬭳*	Bh 𬭛*	Hs 𬭶*	Mt 鿏*	Ds 𫟼*	Rg 𬬭*	Cn 鿔*	Nh 鿭*	Fl 𫓧*	Mc 镆*	Lv 𫟷*	Ts 鿬*	Og 鿫*

La 镧	Ce 铈	Pr 镨	Nd 钕	Pm 钷*	Sm 钐	Eu 铕	Gd 钆	Tb 铽	Dy 镝	Ho 钬	Er 铒	Tm 铥	Yb 镱	Lu 镥
Ac 锕	Th 钍	Pa 镤	U 铀	Np 镎*	Pu 钚*	Am 镅*	Cm 锔*	Bk 锫*	Cf 锎*	Es 锿*	Fm 镄*	Md 钔*	No 锘*	Lr 铹*

　　铁元素之后的元素就不能在恒星内部被制造出来了，要产生比铁元素更大更重的元素，就需要更厉害的元素工厂——超新星。

　　超新星的爆发，比核聚变的威力要大得多，在猛烈的爆炸中，元素周期表中铁元素之后的自然元素一口气都诞生了，这些元素又通过物理和化学的作用形成了自然万物；而比氢和氦更重的元素都来自远古恒星爆炸后的星辰。

超新星爆发，就像在宇宙里燃放一颗巨大的烟花。超新星遗迹（Supernova Remnant，缩写为SNR）是超新星爆发时抛出的物质在向外膨胀的过程中与星际介质相互作用而形成的延展天体，形状有云状、壳状等，差异很大。

超新星遗迹把恒星演化过程中，以及超新星爆发中产生的重元素扩散到广大的星际空间，在这之后，富含重元素的星际物质将形成下一代恒星，开启一个新的循环。

星际物质

星际物质（ISM）是存在于星系的恒星系统之外，在太空中的物质和辐射。

　　银河系的某个角落里，有一些比面粉还细的尘埃，慢慢地，它们形成了一些圆形的颗粒，然后这些细小的颗粒聚集在一起又成了稍大一些的石头，不过也有些小颗粒不想变成石头，还是原来那副微小圆形颗粒的模样。这种颗粒被称为球粒，是组成球粒陨石的主要成分。

　　陨石？难道这块石头就是故事开头说的那块陨石的祖先？

　　没错，这回知道那块陨石是怎么来的了吧？

嘿！我是万有引力，你看不见我，可我无处不在。

球粒相互吸引 　　　　物质发生聚集和分离 　　　　熔合后还会分层

球粒陨石

球粒陨石是地球上最常见的陨石，它的母体由太阳系早期的原始尘埃颗粒聚集而成，这些保留至今的原始小星体，成分大多没有经过熔融和分异。

球粒陨石存在的成分中最突出的就是毫米大小的球形物体——神秘的陨石球粒。这些物体起源于太空中自由漂浮、熔融或部分熔融的液滴；大多数的球粒含有丰富的橄榄石和辉石硅酸盐矿物。

球粒陨石还有难熔的内含物，包括太阳系中最古老的物质之一的富钙-铝包体，富含铁、镍等金属和硫化物矿物的颗粒，以及分离的硅酸盐矿物颗粒。

它们由矿物组成不同的球粒构成，是研究太阳系起源和演化的重要样本。

硅酸盐矿物

由橄榄石、辉石等矿物组成的球粒，平均直径1毫米。

铁纹石
镍纹石

地球上发现的球粒陨石，在表面就能看到细小的球粒。

自从经历了那次超新星大爆发，这里已经失去了往日的热闹，没有了发光发热的恒星，太阳正处于主序星阶段，邻近的星系和银河只能带过来一点暗淡的微光，看起来毫无生气的样子。

在这片昏暗的空间里，石头们飘浮着，碰撞着，一点精神都没有。但谁也想不到，在不久的将来，这里又会发生一件惊天动地的大事——猜一猜，它们中的哪一块石头会踏上一段几亿年的流浪之旅？

黑　洞

黑洞是时空展现出极端强大的引力，以致于所有粒子，甚至光这样的电磁辐射都不能逃逸的区域。广义相对论预测，足够紧密的质量可以扭曲时空，形成黑洞；不可能从该区域逃离的边界称为事件视界。

黑洞就像一个理想的黑体，它不反光。

黑洞的存在可以透过它与其他物质和电磁辐射（如可见光）的相互作用推断出来。落在黑洞上的物质会因为摩擦加热而在外围形成吸积盘，成为宇宙中最亮的一些天体。如果有其他恒星围绕着黑洞运行，它们的轨道可以用来确定黑洞的质量和位置。

图书在版编目（CIP）数据

太阳系简史1. 陨石诞生记 / 王煜著.— 北京：地
质出版社, 2023.8
ISBN 978-7-116-13132-3

Ⅰ.①太… Ⅱ.①王… Ⅲ.①太阳系—儿童读物②陨
石—儿童读物 Ⅳ.①P18-49

中国版本图书馆CIP数据核字(2022)第095990号

TAIYANGXI JIANSHI 1：YUNSHI DANSHENG JI

策划编辑：	孙晓敏
执行策划：	王一宾
责任编辑：	王一宾
责任校对：	陈　曦
出版发行：	地质出版社
社址邮编：	北京市海淀区学院路31号，100083
电　话：	（010）66554646（发行部）；（010）66554511（编辑室）
网　址：	https://www.gph.clmpg.com
传　真：	（010）66554656
印　刷：	中煤（北京）印务有限公司
开　本：	889 mm × 1194 mm　1/16
印　张：	3
字　数：	30千字
版　次：	2023年8月北京第1版
印　次：	2023年8月北京第1次印刷
定　价：	128.00元（全四册）
书　号：	ISBN 978-7-116-13132-3